中式休闲

典藏 新中式

中国林业出版社
China Forestry Publishing House

目录

Contents

九龙香缇会所
Nine Long Xiangti Club
设计师：郑海涯

项目名称：九龙香缇会所

项目地点：浙江台州市路桥河西大厦

项目面积：2300 平方米

在都市紧张而又快节奏下生活的人们，工作之余，都渴求有一个能够让他们缓解紧张和释放压力的地方，营造一个原始、传统而又充满大自然风味的休闲养生场所，成了都市人找回心理平衡的最佳诉求点。

项目取材于巴厘岛，是因为巴厘岛本身是享誉全球的休闲度假圣地。 将巴厘岛特有的建筑人文特色（木屋、石材、佛像、木雕、水景等）引入室内空间，点上巴厘岛特有的香薰精油，播放着巴厘岛特有的民间音乐，使顾客从踏进大门那一刻开始便能够全方位的感受到来自东南亚巴厘岛的气息，从视觉、听觉、嗅觉上达到全身心的放松，消解压力、放松心情。

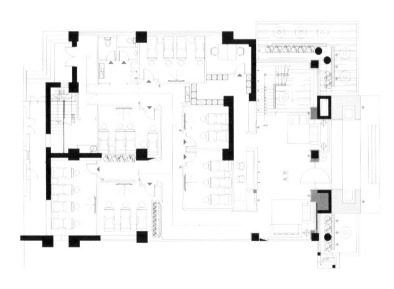

一层平面布置图

　　最大化的利用原有空间的缺陷部分来营造氛围、兼顾公共空间与营业包厢的最合理化配比，使业主的投资回报率与设计效果达到一个最佳平衡点。

　　运用最普通、自然的石材、木材、墙纸、地板等材料，配以大量从巴厘岛进口的特有的沙岩壁画、布艺、草灯、石像、床榻、雕刻木门、木雕等来打造出原始、巴厘岛传统而又充满大自然风味的室内空间。

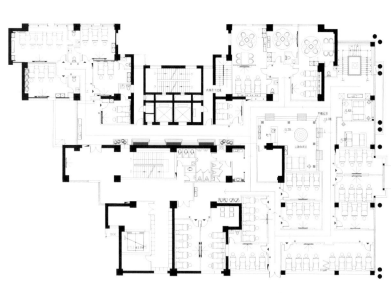

二层平面布置图

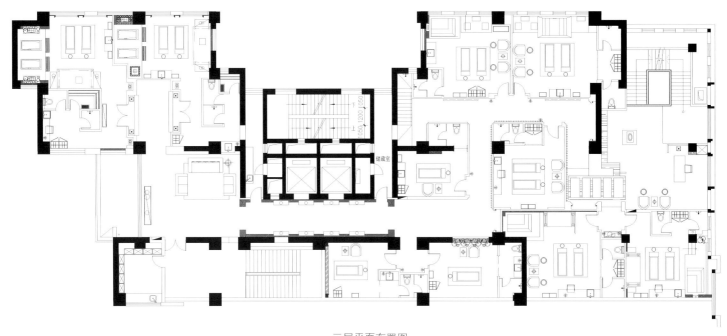

三层平面布置图

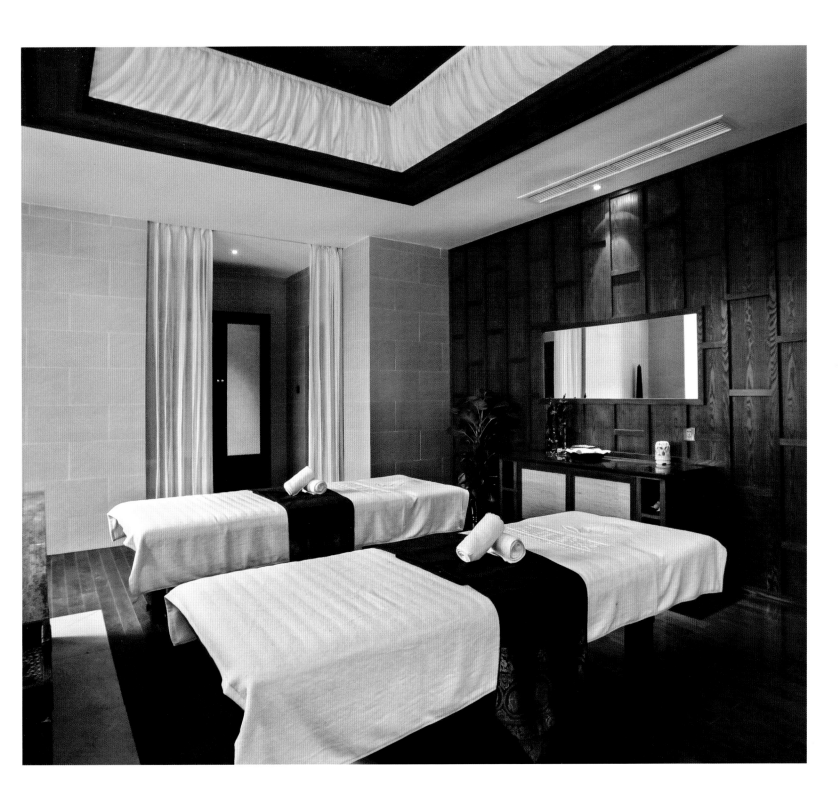

谛梵养生会馆

Truth of Van Gogh's health preservation Centre

设计师：阿森（森图设计顾问有限公司）

项目地点：浙江台州市路桥河西大厦

主要材料：仿古砖、乳胶漆、壁纸、
红胡桃、樟子松

会馆内部严格按照对称布局摆设，体现中正平和的美感。中式风格的表现，更多地以装饰小物的形式点缀空间，青铜神兽、陶瓷小人、青瓷茶具，都给素雅的空间抹上点点绚丽的色彩。中国传统建筑装饰材料——木，贯穿会馆的始终，从天花板到门窗，从家具到器物，传达出温润、含蓄、拙朴、肃穆的东方美学和悠悠禅意。而布艺和石材的运用，则带来了柔软和坚实两种质感，与木的优雅色泽、精致纹理，共同构成刚柔并济的自然之美的盛宴。这里，能让人感受自然、呼吸自然、畅想自然，让人充分的放松和享受，回归本我，追忆初心。

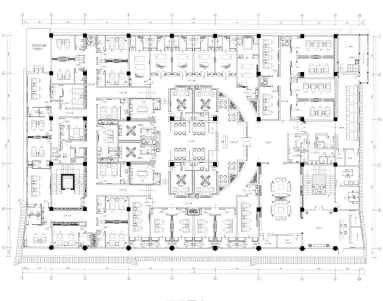

二层平面布置图

逍遥会

Free top international health club

设计师：廖辉

项目名称：逍遥会国际顶级养生会所

项目地点：江西南昌市

项目面积：3000 平方米

主要材料：仿古砖、乳胶漆、壁纸、
　　　　　红胡桃、樟子松

本案承载着千年传统文化与修身养性之精髓。意在打造一个集国学文化、传统中医、现代休闲养生为一体的体验中心。

观光电梯上的水墨画让整个外立面韵味十足。入口十米挑高尽显空间的张力，使人敬畏，心怀期待，一种对自然、人性、中国传统文化的认同与向往油然而生。游龙惊凤神佛往，一梦千年羽化间。门口"庄子梦蝶"的铜雕，突出了品牌的核心——逍遥；经过雕像，拾级而上，十五步平步青云梯，精心设计，让人在抵达大厅前，能洗净铅华，通过流畅的动态线条、视觉空间的层次感，体验传统文化与现代建筑语言的共融。

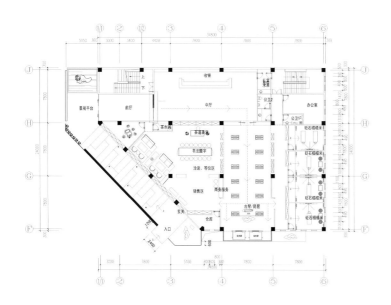

一层平面布置图

整个会所被划分为六个楼层：隐、聚、意、境、清、观。针对每个楼层，定义不同的思想感受：负一楼为隐；二楼大厅为聚；三、四楼包厢为意和境；四楼SPA为清；顶楼两间套房为观天下和观方圆。每个不同楼层都从不同元素和手法衍生不同的意境，整体空间主要以厚重色彩为主轴，让心灵回归，将外界的纷扰一层一层沉淀下来，让生命复朴，归于宁静。

逍遥会暗合了现代人对生活自由、心灵释放的追求，逍遥是现代人的精神价值取向，愈为心中向往的一种自由国度。逍遥会让个人的人生经历与沉淀产生共鸣，既有庄生梦蝶的浪漫色彩又有天人合一的人性至理，还有中国传统历史的人文情怀，美学上可以感受到设计带来的细节体现，软装的配合成为项目的点睛，有古朴的窗棂、名家字画，融合一些现代艺术，致力于达到"绝妙之境，逍遥随心"的心灵体验。

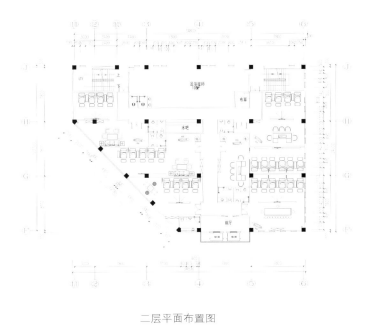

二层平面布置图

索拉古贝 SPA·足浴养生会所

Sola ancient，SPA，foot bath，health club

设计单位：浙江艺佳装饰设计工程有限公司　　设计师：×××

项目地点：浙江省金华市

项目面积：5000 平方米

东阳市集木雕、砖雕、石雕、彩绘艺术为一体、被国内外专家誉为"具有国际水平的文化艺术遗产"的明清古建筑群就有 260 多处，是中国传统手工艺的传承地。在休闲娱乐上的消费亦很大，但是没有标志性的休闲会所，于是在甲方的支持下，我们希望做一个极具东阳特色和代表性的一个商业空间。

本案结合东阳当地的优势产业，打造了新东方的一个设计风格。在充分选取当地的传统装饰元素外加入了现代的装饰要点，整体空间古朴且时尚，怀旧亦不沉闷。

本案三层为女宾美容部，二层为足浴，一层设有大厅，等候区，美发部，茶室以及一个博物馆。博物馆是整个设计的亮点，其古朴的设计风格为客户展示各种中草药材和养生器皿，是商业空间很少能做到的一个比较大规模的文化展示的空间。地下夹层和地下室为SPA区，幽暗的地下环境也让SPA的氛围更为温馨。

运用了大面积的花格和麻布材质，让空间和墙面的划分更为柔和。仿古的木材、家具和装饰挂件让空间更为丰盈，让人置身其中便能静下心来。

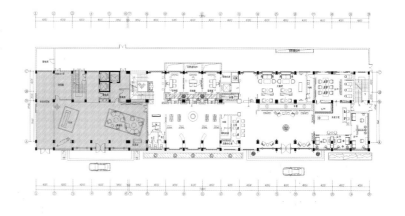

一层平面布置图

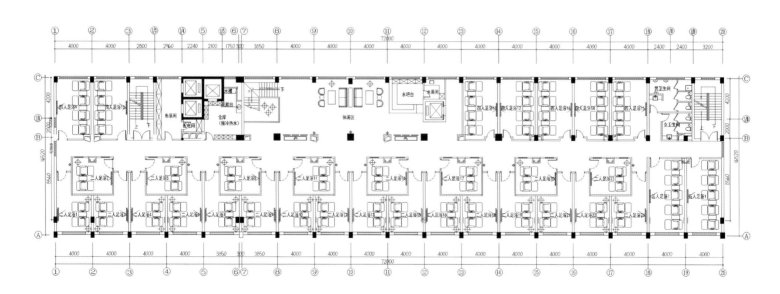

二层平面布置图

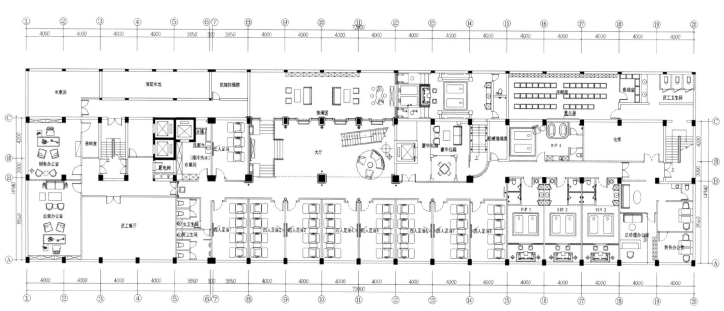

地下室平面布置图

东西方文化的折衷融合

Interior design phase Jiayuguan Nanhu building

设计单位：北京丽贝亚建筑装饰工程有限公司

项目名称：嘉峪关市南湖大厦一期室内设计

项目地点：甘肃省嘉峪关市

项目面积：11000 平方米

该项目位于嘉峪关市，苍凉雄伟的万里长城西端起点，幅员辽阔，景观多变，恰似江南风光，又似五岭逶迤。文然对峙，格外迷人。色彩斑斓，如诗如画。历时溯源，千年遗风。穿越古老的驼铃声，从历史画卷中款款走来，古老的重镇，曾经风云汇聚，那一个个鲜活的印记，都是华夏文明千年的缩影。雄关漫道，驼铃悠然，看尽锦绣山河，感受这千年城关与大自然的珠联璧合，豪迈之情油然而生。仿佛置身与雄浑壮丽的画卷之中，远眺雪峰映明镜，聆听高山流清音。感受着大漠浩渺无边，绵延起伏，不尽感叹自然之伟大，造物者之神奇。乘着清风，重游边关故地，去体

味雄关漫道独特的风情。恰逢盛宴，胜友如云，高朋满座，觥筹交错之间，宾主俱欢颜。

南湖大厦，在继承传统中矢志创新，简约中透着精致，和雅中充满激情，将新中国风的内涵演绎的优雅，醉人。

南湖大厦的魅力在于追求东方的平衡感，并将东西方的文化形式折衷融合，探寻真正属于中国的设计语言。让每一个到访的宾客在获得独特感官体验的同时，得到心灵的洗涤。

通透材质的运用，搭配唯美的镂空屏风，朴素静雅，却又灵动耀眼。提醒着你这里是怎样一个不平凡的所在。严谨的布局和精巧的细节，融入现代简约的设计手法，无不展现着中式古典主义的构图美。

南湖大厦就是这样一个将文化、历史、艺术完美结合的空间，既保留了东方人积淀深厚的历史人文之归属感，又有大隐于市的从容淡定。不妨试想，在这里休憩冥想，放松身心，会是怎样一番闲逸自在，物我两忘的心境。

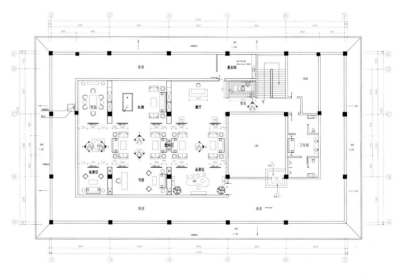

一层平面布置图

素业茶苑
On tea

设计单位：黑龙江省佳木斯市豪思环境艺术顾问设计公司   设计师：王严民

项目地点：杭州凯旋路茶都名园

项目面积：150 平方米

业主陈女士是一位温婉的江南女子，是 1999 年杭州市十佳茶艺小姐之一，2006 年首届全国茶艺师职业技能大赛冠军得主，多年来致力于茶文化的研究和推广，希望能建立一个既能传播茶道文化的专业培训机构，更能成为志同道合心灵相惜的朋友闲来谈心交流经验的雅舍。

本案原址为杭州茶厂的旧厂房改造，建筑外立面保留着先前的红砖黛瓦，内部为传统"人"字顶厂房结构，最低层高 4150 毫米，最高点 5800 毫米，以 4 组人字钢梁支撑整个屋顶，因此在设计过程中最难的

是要先解决空间布局及结构改造，以满足业主所需的多项功能。

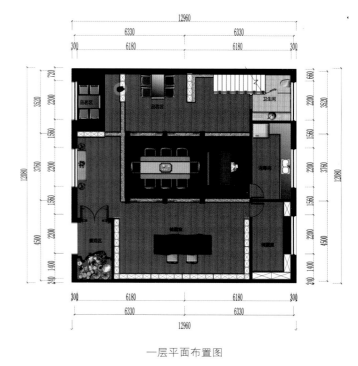

一层平面布置图

　　设计师巧妙的利用人字顶的构造，采用钢架架构，将房屋搭建成上下两层，错落有致的布置了门厅玄关，二个中式包厢，二个日式和室，二组卡座，一个大型中厅培训室，一组茶艺操作台，茶具茶叶等产业展示区，收银台，仓库等等，最大程度的实现土地资源的利用率。

　　如果空间布局是设计的躯干，那风格定位就是设计的灵魂，本案的名称为"素业茶苑"，素业既可以理解为干净的做人做事，亦可理解为希望成就一番事业。无论任何行业都应如茶一般清澈纯粹，设计亦是如此。设计师运用了原木材质。未采取过多的加工，而是依据材料的原始特性来装饰墙面，环保而自然。增强了以原色氤氲的视觉感官，突显了简洁古朴的线条设计，将淡雅沉稳的空间布局和优柔润泽的光影效果完美结合，自成一处。

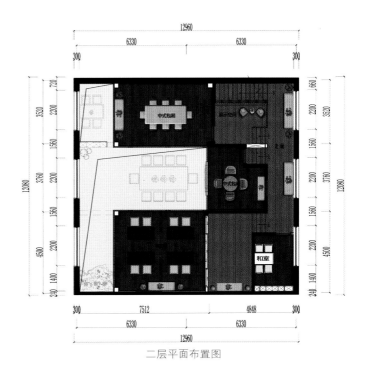

二层平面布置图

大连瑶池温泉会馆
Dalian Jade Pool Spa

设计单位：宋戏装饰装修工程有限公司　设计师：宋戏

项目地点：辽宁大连市

项目面积：8200 平方米

介于"温泉休闲洗浴"商业市场之不断推进，犹由"瑶池"商主与设计者之间的种种因缘，孕育了瑶池，开始它的进程。

关于"与同类竞争性物业相比，作品独有的设计策划，市场定位的话题"设计者的片面之词不够准确，只可简言！"有形之物，必不恒常。"只可说行为意之表象，抛掉市场同类物业的外在（象）框架，是设计者与业主共鸣之处，能够选择中国文化之风植于此地而操手，完全是设计者与业主对中国文化喜爱的一种有感而发，一种潜意识尊敬。——喜欢身溶其中之人即为市场定位之本！

关于"作品在环境锋风格上设计创新点"，董其昌在《画禅室随笔》中提；"虚实者各段中，用笔之详略也，有详处，必要略处，但审虚实，以意取之，画自奇矣。"因此项工程大部分设计在施工中完成，故重点区，过渡区，点与点之关系的把握实在为一主题，并用了许多唐之元素，符号。弹播空间之主旋律，亦因空间限制的因数作了大量的简化处理。同时溶入了多多的商业形式 来描绘空间。——实在的说；只是设计者的一种"未果之乐"行为。

功能在空间布局中，皆因原建筑的空间形式有所寻……，有以用。商业特点与原内部空间搭意而现，搭意即设计者。——并无刻意强调功能之局。

①大量采用了实木并实施传统的一些工艺，用以确认运营使用周期。②石材的质感处理在此强调——无光、哑光、凹凸点状——拟自然之象，抒人之情。③垂直交通路线设人行木梯并非电梯——传统的行进品境，意心之法。

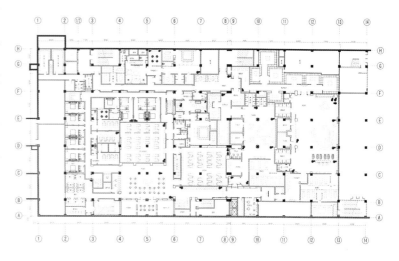

地下一层平面布置图

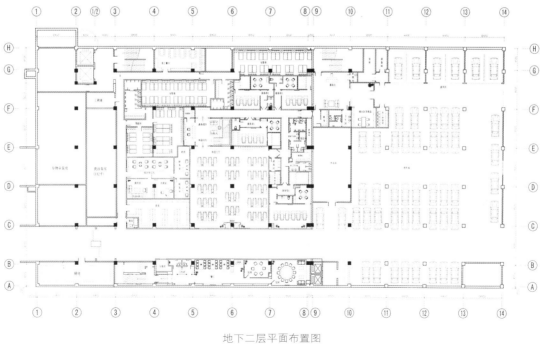

地下二层平面布置图

美丽一生 SPA 会所
Beauty SPA Club
设计单位：河南鼎合建筑装饰设计工程有限公司　设计师：孙华锋

项目地点：河南郑州市

项目面积：580 平方米

本案整个空间以淡雅、大气的色调为主，富有诗意和情调。

入口开始，翩翩起舞的蝴蝶从水景区散开，围绕着产品展示区。打开灯光碟与蝶影宛如一幅精致的水墨画！二层布置主要围绕产品调配为中心，通过纱帘、银镜、藤、柱面等材质表情突出空间的序列和交融。以淡色木纹石为基调，用纱帘、藤制品、瓷器、锦绣等进行点缀，使空间柔中带刚，刚中见柔，刚柔并济。

SPA 房中中西文化巧妙结合，兼容并蓄，瓷器与锦绣的点缀，每一处都诉说着浓郁的浪漫情怀，就如同那清茶的缕缕余香，除去了浮躁又保留了清香。

一层平面布置图

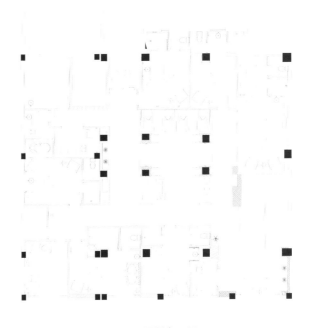

一层平面布置图

悦云 SPA
Yue Yun SPA

设计单位：无锡上瑞元筑设计制作有限公司　　设计师：孙黎明

项目地点：江苏无锡市

项目面积：2000 平方米

项目的空间注重的建筑内部与外部环境的衔接，在通风采光得到优化的同时格栅、玻璃的围合遮挡。

安谧参禅的空间调性通过静穆平和的木结构。石材、小型雕塑、浮雕古砖、精致饱满的陶器等凸显出来。

整体的设计效果为：吐纳清新、身心放松空间必需的私密性。

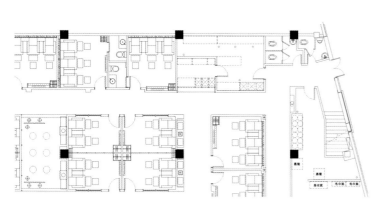

一层平面布置图

二层平面布置图

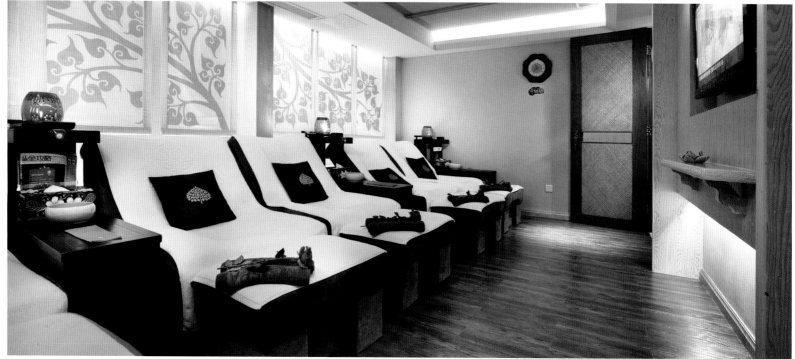

水木会所
Wood clubhouse
设计师：李晓东

项目地点：广州

项目面积：980 平方米

主要材料：席高地板

东方文化在现代空间中的体现。

以建筑为主，融入东方文化艺术。

在不破坏原有建筑的同时，最完整的呈现当代东方文化艺术空间。

美学，环保的综合决策。

独特的策划和设计，让会所更加有亲和力。

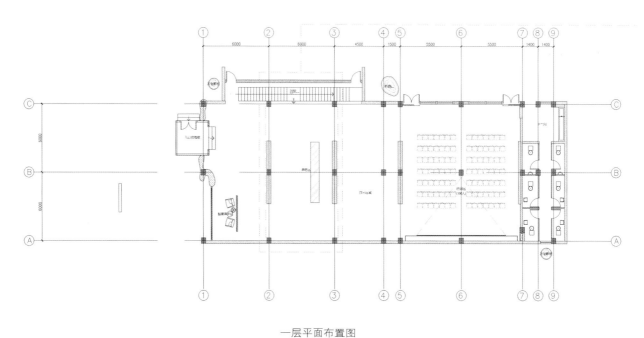

一层平面布置图

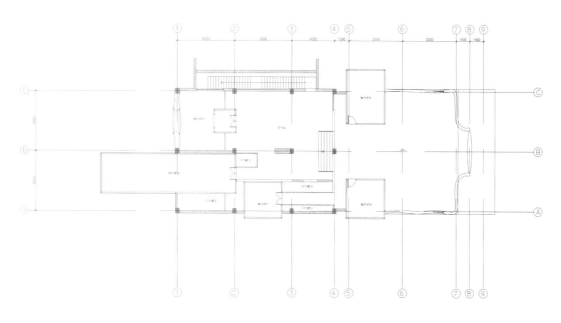

二层平面布置图

莲界

Lotus community

设计师：杨鹏霆

项目地点：湖南长沙

项目面积：400 平方米

主要材料：金谷仓软装

莲花——清白，出淤泥而不染，濯清涟而不妖，中通外直，不蔓不枝，亭亭净植，可远观而不可亵玩焉。形象象征女性的纯洁与美好。

同时，莲花又是佛教文化中的重要元素，佛教将莲花的自然属性与佛教的教义、规则、戒律相类比美化，逐渐形成了对莲花的完美崇拜。

本案为女性 SPA 瑜伽会所，以莲花为主题，正是强调了以女性作为服务对象的主旨，而 SPA 和瑜伽又是当代都市人摆脱喧嚣、浮躁的生活，寻求身心放松和休息的场所。

莲界喻意着脱离世俗的污浊，获得灵魂净化的空间。将女性塑造成如出泥的莲花一般美丽。英文的LOTVS既隐喻了莲的主题又体现了时尚的味道，拉近了如受众的距离。

莲界，佛国的向征，愿每一位留连其间的人，灵魂都可以获得升华，绽放自己的生命，一如开放在红尘的多多莲花。

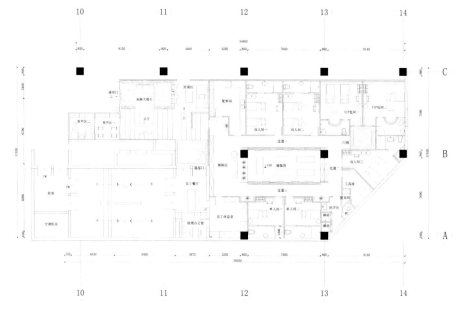

一层平面布置图

山水禅居禅修中心
Mountain Zen meditation centre

设计单位：麦一空间设计　　设计师：康博然

项目地点：陕西西安市

项目面积：260平方米

主要材料：玻璃、三聚氰胺板、仿木纹瓷砖

本案结合业主个性需求，依照佛法禅修精神，依仗周边秦岭山脉，古镇温泉的优越自然资源，远离西安闹市，打造出日式唐韵风格的修心宁神之所。

无论是从会所内部匠心独具的设计，还是从外部地利人和之环境的选取，都体现出禅院清心渡人的特点。

本案功能性强：一层功能大厅以讲学为主，亦可做会客厅使用。厅中目之所及，空无一物，仅有若干席垫置于地面，方便学生修禅听课。顶面内置多个立体环绕音箱，多媒体教学设备，供传道授业之用。此外，该会所还另设VIP厅，学生可在内，品茶论道，禅定冥想。

本案特色：顶面设计，独具匠心

1、平顶的设计：采取九宫格模式，其点画疏密，各有停分，界面匀布，别具一格。本设计力求顶面绝不相类，纹路紧密配对，空间与设计相呼应，有古之明堂九宫之感。

2、二层斜顶的处理：位于一层仰视时，二层顶面犹如平顶，其米字状设计如同蛛网一般，错杂交互，向东，西，南，北，东南，东北，西南，西北八处辐射出去，兼容并包，无一遗漏，体现出佛法无边，普渡众生之势。然，拾阶而上，走近米字之时，竟发现二层本为斜顶，其穹顶高达5米之多，纵伸延展，空间广阔，使人眼前一亮，豁然开朗。此设计本着佛法精神，依势而造，顺势雕琢，最终达成亦斜亦正的效果。

二层内部设休息室，外部设观景台：青砖铺地，神龟伏面，竹影婆娑，意境深远。半侧墙面嵌入斧劈石，多层跌水，直入池中，周而复始，循环往复。

本案既为"山水清心所，禅韵渡人处"，于外有汤浴温泉可沐浴净身，入所能焚香静气，枕水听禅。于现代纷纷扰扰尘世中提供一个幽然静谧的宁心修身的去处，使得当代人回归"质本洁来还洁去"的内心诉求。佛曰："本来无一物，何处惹尘埃"。

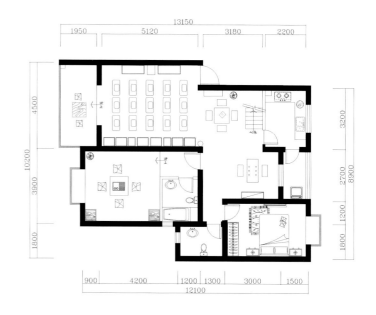

一层平面布置图

二层平面布置图

大公园沙龙会所
Park Salon Club
设计单位：成都多维设计事务所　｜　设计师：张晓莹

项目地点：四川成都
项目面积：400 平方米

大公园沙龙会所是一家精品会员制小型会所，有交流、休闲、餐饮、和休息的功能。

由于其客服端定位为文化高端人士，预约服务期品味需求为文化沉淀，内敛含蓄。

空间调性沉着，注重中轴对称，延续本土文化的趣味和风情，被融合到现代的语序中。多使用天然石材，墙纸，地毯，茶镜皮革软包，打造沉稳气质。

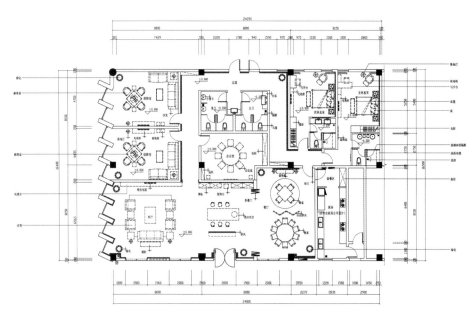

一层平面布置图

福清素丽娅泰水疗
Fuqingsuliyatai Spa

设计单位：中国广一叶建筑装饰设计工程有限公司　设计师：何华武、龚志强

项目面积：1200 平方米

主要材料：柚木、金属砖、金碧辉煌、
　　　　　火烧山西黑、手工地毯、
　　　　　硅藻泥、钢片雕花、草编墙纸

素丽娅泰 SPA 会所位于著名侨乡（融侨大酒店）是一座集住宿、餐饮、娱乐、商务为一体的五星级酒店，该会所总面积为 1200 平方米，空间为高度六米以上的斜坡屋面，在国内酒店中尚属少见，本案设计强调区别以往的素丽娅泰 SPA 色调形象，以静、颐、文脉相结合。大堂运用深色调，给顾客更为宁静。

会所由设计师精心设计，将东南亚风情和新中式的手法融入设计理念，营造出一个属于您的幽雅环境。回避倾轧的官场，喧嚣的尘世，寻求返璞归真的意境。在山水花木，小桥流水的舒缓音乐伴奏下，使人全身心得到彻底的放松，不管平时在工作中的多么的高效

和火爆，在这里你都需要停下匆匆脚步，慢慢倾听。防腐木设计出来的小桥，静静的健康之水，其中的天然花草熏香，两边的垂直幕帘和青砖幕墙更增添了一份神秘与自然。

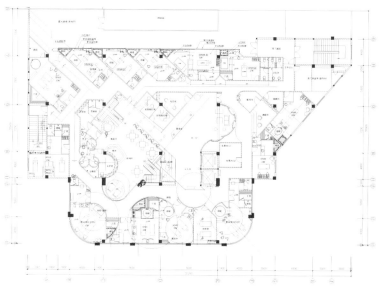

一层平面布置图

在这种来自大自然的护肤元素的亲密接触中尽情的享受。木制花格、走道边的孔明灯，窗边的中国结，浓浓的东方元素让人感到温馨与贴切。当然光源的效果又是必不可少的要素，从进门入口处的"暗""冷"到到内室的"明""暖"处处都体现出一种"静"的感觉，纯净心灵，求得美、和平、豁达的心境。

大堂运用深色调，给顾客更为宁静。在风格上，选用东南亚自然、淳朴、浑厚的元素，贯穿整个美容会所设计之中。如木雕画、编织制品、地面的青石、天花的原木造型都表述着质朴自然，也与美容养生 SPA 环境真正内涵相和谐。

大堂运用深色调，给顾客更为宁静。在风格上，选用东南亚自然、淳朴、浑厚的元素，贯穿整个美容会所设计之中。如木雕画、编织制品、地面的青石、天花的原木造型都表述着质朴自然，也与美容养生 SPA 环境真正内涵相和谐。大厅主背景墙的黑砖与黑檀黑色中，嵌入了极具泰式风格的金色雕花。休息区木条隔断给人一种现代感，与传统的泰式沙发相结合，和吊顶的泰式吊灯营造出一个属于您的幽雅环境。

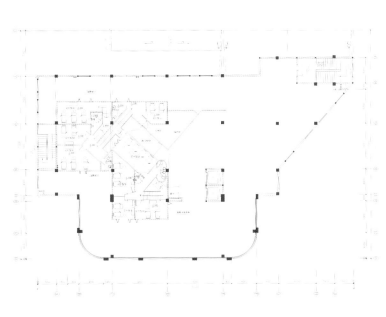

二层平面布置图

白鹭洲啤酒屋
Egret Island beer house
设计单位：名谷设计机构　　设计师：潘冉

项目地点：南京市中华门内

项目面积：800 平方米

主要材料：复古砖、泥胚、人造茅草、树皮

一家以经营自酿啤酒为主要经营内容的场所。设计师将带有西方艺术特色的啤酒屋氛围做到与现有的中式建筑形式包容并举、兼收并蓄，真正做到古为今用，洋为中用。

结合外部观景露台，街区之美、城墙之宏伟、历史之感动尽收心底。传递给体验者拒绝轻浮俗艳的态度。

酒屋的主入口——吧台、乐队表演区——中心体验区——酿造工艺展示区，这几大块空间序列的层层传递形成啤酒屋一层的中心轴线。二层的轴线由中式屋脊所引导。功能轴线与空间轴线保持走向的统一性，条形布置为主题，周围以散座环绕。

设计亮点在于：1）朴素的自然取材以及小众材料的创新利用；2）用泥胚夹杂稻草的混合墙面，茅草制作出的灯具，树皮拼接而成的吧台等，表达当地文化的艺术特色。

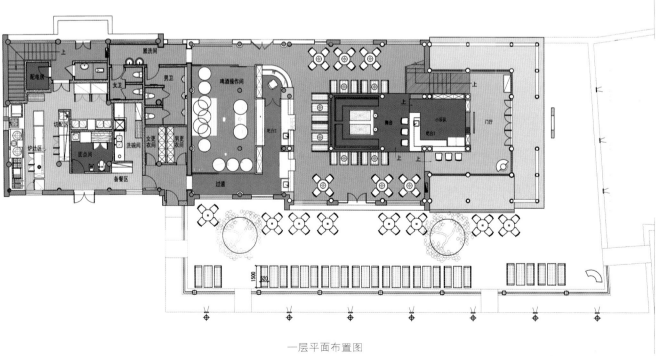

一层平面布置图

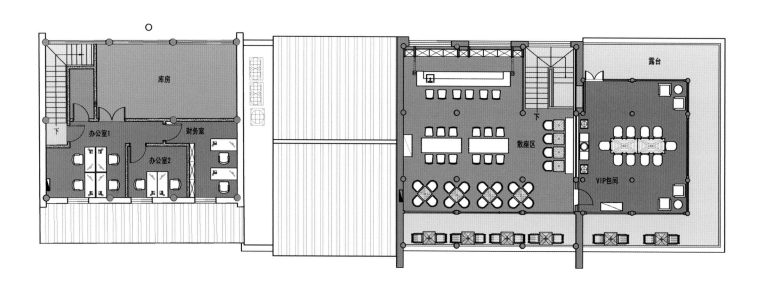

二层平面布置图

品奕造型
Wilson modelling
设计单位：北京屋里门外设计有限公司　设计师：吴其华

项目地点：北京

项目面积：354 平方米

主要材料：岩石毛板、木纹洞石、草编壁纸、
　　　　　石材马赛克、复合木地板、
　　　　　橡木饰面板、拉丝不锈钢、
　　　　　实木装饰板、清镜

品奕是一间包含美容与美发功能的综合店，地处
繁华的居民区，以温婉高调的姿态，与周遭的各色美
容美发店形成了鲜明的对比。

追求天然感与令人全身心放松的环境，是本案设
计的灵感所在，通过材料的运用，使开敞明快的美发
区与情调温馨的美容区，都散发出自然的味道。美发
区紧随时尚变化，时尚元素与低调气质相结合，美容
区保留了原建筑高达 5 米的层高，通过新中式风格的
渲染，打造出别有韵味的自然感。

本案原有空间的结构比较零散，且房高较高。接待区大气的收银台及舒适的沙发等候区，连接了美容、美发两个区域。舍弃了很大的面积用做公共区域，第一时间让人感受到一个舒适且放松的视觉体验，增强空间感而让人不感局促。美发区利用长条形镜面为工作台带来了灵活的摆放方式，在起到修饰原有建筑不规则的空间缺点时，也减少了对工作位数量的限制。镜子在美发区还被以其他方式巧妙运用，在狭窄且不规则的区域，使用了通顶的整面镜子装饰，模糊了空间的真实尺度感，使局促的空间在视觉上得以改变。

接待区部分使用了毛石的两种装饰效果，背景墙部分为天然石材马赛克经手工拼贴，接待台部分使用了天然开方的毛石，呈现出未经雕琢的真实感；接待区及美容区使用的壁纸，特别选择了草编的原生态材质；美发区使用了实木地板作为整个墙面的装饰，一反常规的做法带来全新的视觉体验；空间的所有地面部分使用了相同的木纹石铺装，单一的视觉感受，令每个不同功能属性的空间可以从视觉上贯穿起来。

大胆舍弃的空间利用率，换来了开阔大方的视觉效果，有别于传统美容美发空间的拥挤嘈杂，品奕所带来的是高品质体验感，也让客人更加感受到亲切与放松。

一层平面布置图

儒风会会所
Confucianism Club

设计单位：山东济南天地儒风堂空间设计研究所　　设计师—卢克岩

项目地点：山东济南市

项目面积：228 平方米

"合天地之气，扬儒家风范"，以"五维空间思想"设计空间，在传统三维基础上加入"时间"和"精神"十乐之所：读书、谈心、静思、晒日、小饮、赏乐、下棋、书画、种花、活动。

儒风会，"新阶层沙龙"，一个阶层对于生活的诗意追求与梦想。"把一盏清茶，品一口香茗"，琴棋书画诗酒花，浓郁的中国意境和谐并存。

儒风会，精英的"秘密花园"。外表低调，"内里"奢华。外表之外，才是会所之魂—奢华的生活之道。文化和传统远胜过金钱的魔力，会所空间的文化精神是会所空间设计的至高境界。

通过光影、形体及材质的相互协调，实现生活与陈设艺术的完美交融，营造出一个绚烂奢华、尊贵优雅的艺术空间。

这里是一个明式家具爱好者、艺术家、企业家和时尚界人士，稳重、尊贵、优雅和高格调的精神追求的场所。

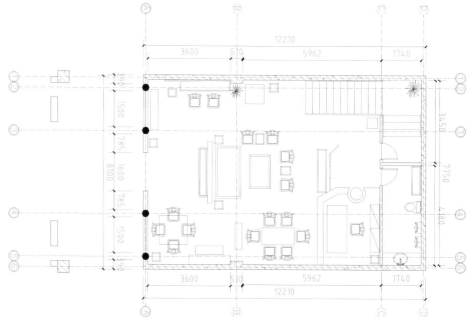

一层平面布置图

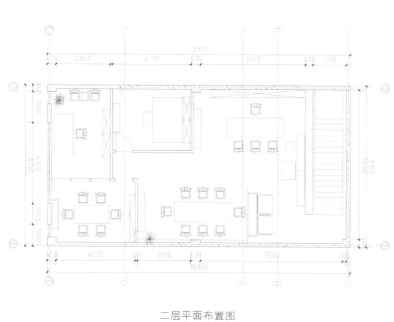

二层平面布置图

务本堂
Wu Bentang

设计师：黄伟虎

项目名称：苏州务本堂别墅

项目地点：苏州市东山镇

项目面积：1000 平方米

由于政府对于大部分控制保护建筑的资金投入有限，很多控保建筑处于残破危房状态。鼓励民间有能力的个人或企业来买断或租赁。同时必须遵从国家对控保建筑相关的法律法规。这样不但可以减轻政府的财政压力，同时也很好的保存了这些有历史文化价值的老建筑。在不改变原有建筑状态的基础上让它发挥新的生命力。

完善原来没有的假山水景与回廊，运用现代手法来塑造古建筑。使其保存原有中式风格的基础上，加强了园林式的改造，这样既保持中式园林风味的同时又能符合现代人居的喜好和审美感官。古为今用、为

人服务是这套别墅设计最根本的思想。在内部空间上注入现代的设计思维方式，以期达到古建筑与现代人居生活模式的一个平衡点。

局部采用新型材料及新式工艺，再结合软饰的搭配。有一种旧貌换新貌，枯木又逢春的新鲜感。

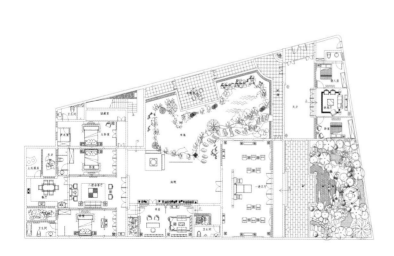

一层平面布置图

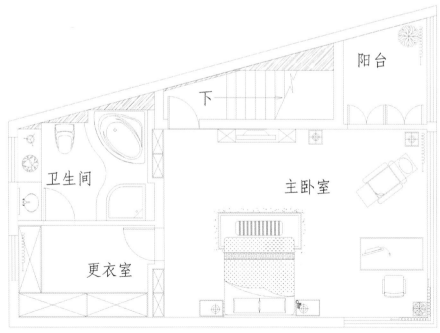

阳台

下

卫生间

主卧室

更衣室

二层平面布置图

西溪绿草地会所

Hangzhou xixi green grass Club

设计单位：中国美术学院风景建筑设计研究院　设计师：刘圭华

项目地点：杭州

项目面积：3500 平方米

主要材料：木质材料为主

轻装修、重软装！简约而不简单，用华美的元素演绎东方古典美，凌驾于奢华之外的名家响度。主要针对高端消费群体。

以中国古典风格的方式体现不一样的中式文化。结合原有建筑风格，使设计总体空间协调性与原有空间相互渗透相互融合，达到密不可分的自然效果。

在空间细节上，追求文化内涵，以生态文化为基础，以人文文化为特色，结合整体设计规划，做到整体大方，简洁美观，充满人文气息。

主要采用环保木质材料与唯美的艺术品巧妙结合。灵活的材质运用和完美的视觉比例适当辅助，呈现凌驾奢华之外的名家响向度。

生态文化与人文气息完美结合，古典而不失奢华。使人体验到繁华都市中独有的静谧，简洁而不失奢华的环境更让人流连忘返。

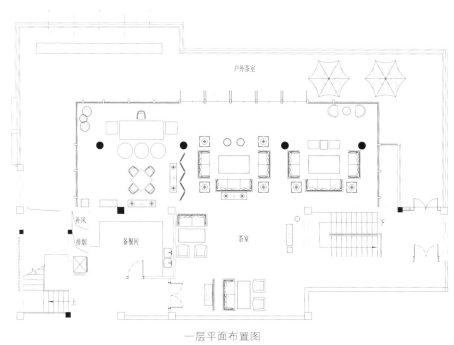

一层平面布置图

上堡茶叶工坊
Shang Bao tea workshop
设计单位：GID格瑞龙国际设计有限公司　　设计师：曾建龙

项目地点：浙江温州

项目面积：94 平方米

主要材料：鸡翅木、涂料、仿古砖

本案以收藏紫砂壶为主，同时又带有茶道文化的气氛。主人希望通过这个平台能结识一些志同道合的人群一起来玩壶，做到以茶会友以壶谈论人生的主旨。设计应用了当代东方设计语言来进行空间的表现，在空间里设计了公共大厅展示区以及两个包间。

通过线、面的关系来进行空间结构塑造，从而传递了空间的艺术气息以品位表达，同时代表设计师用一种简单方式来解读当代东方文化的语言。空间的主调以黑白为主色系，木材选择鸡翅木为主饰面板，这样可以更好的表现出收藏品的质感。作品东方文化气息浓重，整体空间突出以茶会友的特色。

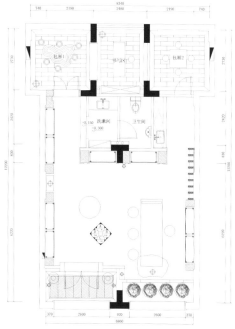

一层平面布置图

唐情宋韵
Tang Song Yun

设计单位：宁波市高得装饰设计有限公司   设计师：龙江

项目名称：真璞草堂

项目地点：浙江宁波

进入一个空间对它没有印象，设计可谓失败；若感受有压力或太扎眼，则更失败。所以，真切，让人有一种融入感，是设计始终要表现的氛围。"烹茶玩玉"，就在这一百多平米的空间里。

在这里，空间是客，人是主。犹如玩玉，琢琢磨磨，反反复复，设计师一种享受的过程，在拿捏中贯通气韵，慢慢形成自己的气场，一切就绪。没有繁复的古代符号化堆砌，没有富贵逼人，只有淡淡的书卷味，唐宋文人式的温雅让人心醉，一个纯粹的空间。你在其中是主体，它在周围真诚委婉，却时时让你感到它的底蕴、品味。时而喧闹；时而娓娓，仿佛本该如此。

璞——玉未经雕琢充满着自然本色的美，谓璞。这里的材料及施工工艺就是在追求"璞"的不经意。墙面用混凝土，手工随意抹平，略做一下保护层，显得不是很平整。铁板、角钢不经装饰，素面朝天。地面铺金砖洒黑色鹅卵细石，老式石雕门跀蹲步式的过渡。许多材质的品质皆以本色出现，互相谦虚的存在不抢风头。空间小，材料的尺度都被我做适合的调整显协调精巧，比如青砖、金砖、木头。主要造型是直线的木格栅，有人说像日式风格，其实在中国的宋朝比较常见，老祖宗的博大精深有时能领悟那么一点点足以受益匪浅。

草堂——用茅草建造的房子，让人想起杜甫的"安得广厦千万间，大庇天下寒士俱欢颜"的质朴、美好愿望。某茶室某茶馆太多，取名草堂显着与众不同，更是体现草的平凡坚韧与朴素含蓄，不是桃红柳绿的夺目。素面的石灰墙，泼着淋漓的荷塘，墨分五色，枯湿浓焦淡，有层次有意境，以墙分纸，那荷塘是禅，是心中的爱莲说。无论是墙面的绘画还是用铁艺做的一组荷，都只有田田的荷叶与莲蓬，那宽大的荷叶是面，纤细的柔茎是线，小巧的莲蓬是点，形成点线面的组合。荷花在哪里？已谢，留得残荷听雨声，听到秋意渐浓，凋谢的美与微败的萧瑟是文人所热爱的。

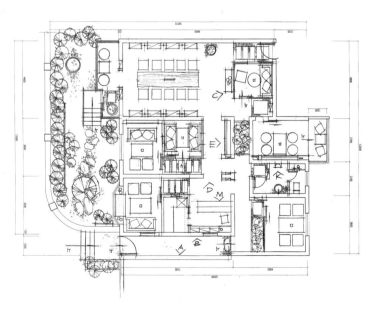

一层平面布置图

远洋天意小馆
Ocean heaven restaurant
设计单位：和合堂设计咨询　　设计师：王英文

项目地点：北京远洋未来广场

项目面积：437 平方米

主要材料：实木、白砖、蓝色漆饰面雕刻版、
　　　　　蓝色乳胶漆、装饰灯具、
　　　　　绘画作品、印纱画

位于北京远洋未来广场的"天意小馆"作为京城几百年老字号"天意坊"的分支品牌，创意私房菜的小馆。业主提出的设计要求是打破老字号带给人们的传统框架，将空间刻画的怀旧、新颖、时尚、并充满童真。适合朋友聚会，家人聚餐，恋人约会等等多功能的就餐场所！

业主内心深处对环境的各种需求，都寄托在这小小的空间中，或轻松、或妖媚、或小资情调、或童真……如何实现多样的期望，成为设计师首先要考虑的因素。

设计师赋予此空间"时尚的殖民地"风格。木色老窗棂，柱廊，仿佛跻身于上个世纪30年代怀旧小资的建筑中来。并大胆采用了蓝色，粉色的跳跃颜色烘托时尚的风情。加入中式的元素，艺术灯具，中式床榻改造的卡座，飘渺的轻纱。从伯实老先生的力作《百子图》中摘选了局部画面运用白描手法和现代雕刻来呈现，空间立即充满了喜庆、祥和的气氛。

老榆木、蓝色板材、彩色灯饰、平民的艺术品。设计选材上利用最朴素无华的随处可见的材料，来打造这么一个亲切的，却又无限浪漫的场所。

入口处一副"天意娃娃"的吉祥纱画。是希望把祝福、恭贺的良好愿望带给每一位来用餐的贵宾！而旁边30年代的女伶纱画，将人带入那性感妩媚，令人难忘的无限遐想中。

两个中式床榻改造的卡座是顾客最爱驻足的地方，轻纱飘渺，精致的灯具，多样的软包将这个空间装饰的温馨浪漫。很多客人因为第一次没有机会定到这个位置。而念念不忘，再次光顾。

享受和煦的暖阳的玻璃房子所展现的妩媚、小资的情调，是每一位来这里就餐的客人最喜欢的。当夜幕降临，木质的欧式大吊灯与莲花上和餐桌上的蜡烛的光影交相辉映，色彩、材质、光影将人们带入幽幽神往意境之中。

　　怀旧的柱廊的呈现某种意义上界定了空间的延续性，作为主要的动线承载着功能的作用。两边配以曼妙的黄色轻纱，将卡座区与散座区自然的过度过来。同时也解决了空间私密性的需求。

　　作品中能够流露出设计师的个性，或张扬、或写意、或直接、或含蓄。要发掘深层意义上的作品内涵，观察事物的角度和高度要独树一帜。并结合业主的经营理念来提高商业价值。在这个充斥着多样设计元素的空间里，格调与意境，品质与灵魂，当代艺术与东西方传统文化的浪漫邂逅，一如设计师一贯的设计风格，将各元素柔和的混搭，强调艺术与空间的碰撞，通过传统符号的抽象运用，寻找最性感的地带，跨时代的文化沟通，完全不一样的东西方元素的解读，让"所谓天意"充满浪漫主义的独特气质。

温岭兴隆会所（隆荟）

Wenling booming Club (long Hui)

设计单位：杭州大相艺术设计有限公司　设计师：蒋建宇、郑小华、胡金俊、姚淦

项目地点：温岭市锦屏公园北门

项目面积：2500 平方米

主要材料：柚木饰面、青石板、
　　　　　珍珠黑花岗石、木地板木花格

本项目除了无与伦比的景观环境外，其所拥有的配套功能亦使本会所在同类市场竞争中立于前端。会所中除拥有九间客房外，另有会务、茗茶、展览、沙龙的配套场地。而每个包间，都具有会客区、茶座、阳光房及独立的外部隐私小院。另外如此高端的配套却拥有着一外东方面孔。

本餐厅因地理环境的关系，所以如何更好的做到内外相通融、如何更好的利用环境是处理空间的重点。这个项目的创新点在于将外环境的整治，作为了室内空间设计的一个重点补充及亮点。而空间参与者的感观是通过内外景观观察点的连接而达到的。

餐厅经过改造使之拥有了会所的气质感。入口悠长的道路，一再以悠美的景观绿化感动着来访者，而四合院状的空间使餐厅拥有一个美妙的水景中庭，也使每个包间都有一个亲近自然的阳光房。

隆荟，隐匿于幽静的景观环境内，古朴造型自然融于园林景观中，简朴之意，内外相统。整体设计流溢现代中式精髓，倾现简洁。室内多处选用当地传统材料，当地石头砌成的围墙，当地古船木拼成的阳光房天花板，将本土风情与现代美学巧妙融合在一起，营造出浓郁的海洋文化气息。带着这种无限自由的设计精神和充满灵感的生动设计，设计师为大家呈现了一个清幽静谧、精致细腻的静心之所。

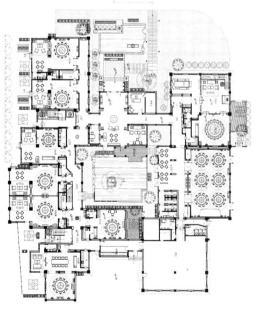

一层平面布置图

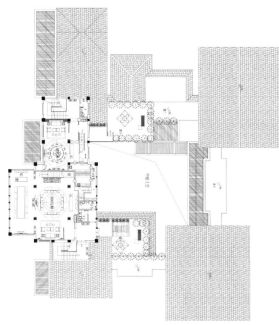

二层平面布置图

济南绍业堂
Jinan Shao Tong

设计单位：大石代设计咨询有限公司   设计师：张迎军

项目地点：山东济南

项目面积：200 平方米

主要材料：缅甸花梨木、白涂料、灰石材、
　　　　　抬梁式老屋架

绍业堂位于山东省济南市，是以经营陈年普洱茶、名家紫砂壶、回流日本铁壶为主的专业茶会所，也是大石代设计咨询有限公司"文化传承系列"主题的另一新作。

会所环境文气素雅，在这里品茶不仅能欣赏到名家的书画墨宝，还可挥毫泼墨，是雅集、闲谈、社交的理想去处。业主夫妇是两位茶行履历颇深的收藏家，有独到的茶主张，经过与大石代设计团队的多番深入交流和沟通，最终确定了设计主题：百年茶塾——绍业堂，以百年书香门第的徽派老宅装载百年的老壶和普洱茶的陈韵。

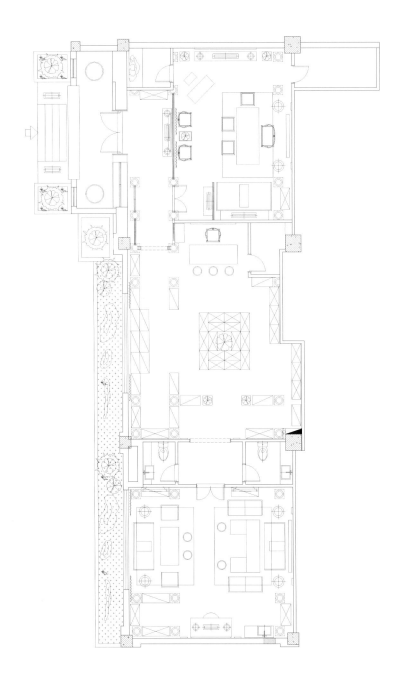

一层平面布置图

　　"绍业堂"门匾源自光绪年间清廷名臣洪钧之手，寓意为"绍承先志业，和睦泽堂长"。由此为基点，借鉴洪钧祖宅的格局以徽派建筑抬梁式屋架为载体，烘托出一座具有书香韵味的别样茶塾。茶楼采用徽派砖雕的门楼，门两侧配楹联及石墩，门前栽有绿植和桂花树，精雕朴琢、古韵雅美。整体呈现为三进两院的格局，外院置景，内院为茶及茶具的展厅，短廊将两院连接。内院一方通往业主夫妇的私人茶室，另一方则是为客人设置的茶会。两方茶室均列有名人书画、名家收藏，并置以红酸枝明式家具，增添空间的典雅气质，彰显主人的品味。

　　绍业堂集品茗、茶会、笔会、琴会、休闲商务、名人雅集等为一体，是各界名流名仕闲来雅聚的好去处。

顺意号茶艺馆
Shun yi teahouse
设计单位：深圳市盘石室内设计有限公司、吴文粒设计事务所　　设计师：吴文粒、陆伟英

项目地点：深圳梅林

项目面积：500 平方米

国茶文化发于神农，闻于鲁周公，兴盛在唐宋明清。中国自古以来便有以茶交友，品茶论道的传统。一个茶空间的完美呈现需要设计师具备深厚的茶文化底蕴，设计师通过对传统茶文化的认知，结合现代人的生活方式和审美形式，以自己的视角诠释中国悠久的传统文化精粹，演绎出具有东方哲学和现代生活美学于一体的茶饮休闲体验空间。

"偷得浮生闲半日，静坐庭前细品茗"，创造浮生梦境的茶饮空间，看隔空中的尘埃，浮浮沉沉。

迎贤堂
Ying Yin Tang
设计单位：阡陌装饰　　设计师：陈传畅

项目地点：浙江宁波

项目面积：150 平方米

主要材料：老式青砖、毛石、家具、花格

自古茶道，与雅致的韵味是分不开的。若是空有一壶好茶，没有雅致的环境来衬托，未免太过泛泛，并不足以称道。

茶文化，具有时代性，本案禅茶堂与现代都市相互碰撞，散发出一种年代感，符合茶文化的时代性。设计风格主要以中式民族风格为主，茶楼保留了明清风格，飞檐斗拱，红柱青瓦，古色古香，门面为红色的漆面门，镂空的木质窗给人以放松的感觉，基调简约古雅。

整个空间基本上用传统对称格局布置，中式元素在空间中随处可见，白沙、古石、茶具、卷轴字画，处处都流露着古香古色的精致茶韵。大面积使用的古石青砖和仿古家具，给人以一种醇厚的年代感。

在这样透露着年代感的环境中，悠然品茗，享受田园生活的惬意时光。

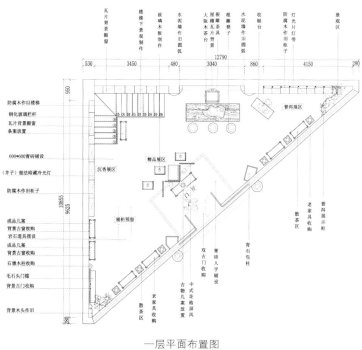

瓦片背景橱窗
楼梯下景观制作
玻璃木板制作
水泥墙作旧圆弧
根雕茶具
根雕凳子
屋檐瓦片背景
大阪木茶台
水泥墙作旧圆弧
收银台
灯光片灯带
防腐木作旧柜子
景观区

530　3450　480　3040　860　4150　280

12790

防腐木作旧楼梯
钢化玻璃栏杆
瓦片背景橱窗
条案放置

600*600青砖铺设

（井子）做法暗藏冷光灯

防腐木作旧柜子

成品几案
背景古窗收购
岩石道具摆设
成品几案
背景古窗收购
石墩木柱收购
毛石头门槛
背景古门收购

背景木头作旧

950　9625　10855　280

沉香展区
精品展区
展柜预窗

普洱展区
普洱展示柜
老家具收购
普洱展示区
散茶区

展柜预窗
双古门收购
青砖人字铺设
青石包柱
老家具收购
古物几案放置
中式花格屏风
散茶区

一层平面布置图

云门茶话
Yun Men Tea

设计单位：杭州大相艺术设计有限公司　设计师：蒋建宇

项目地点：浙江宁海

项目面积：230 平方米

主要材料：木材、型钢、玄武岩、灰色玻璃

云门茶话位于浙江省宁海县城区，作为该县唯一的纯茶馆，是喜好饮茶者品茗聚会休闲的理想场所。茶馆主题体现一个"无"字，让来到此地者沉淀心灵，远离喧嚣，达到闲寂幽雅之境。

茶馆原始框架为两层，用钢结构制造跃层，空间被延展放大，变成了错落有致的三层，既满足了功能要求又丰富了空间层次。大堂、廊柱、墙壁、天花板都采用灰色，用色度的深浅进行功能区分，深浅不一的灰色，避免单调，又使得禅意弥漫。空间视觉上极力追求通透感和延展感，带来心灵上的透气舒适。

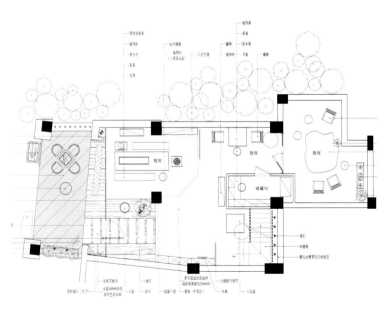

一层平面布置图

门厅采用全透光玻璃，保证了室内充足的自然光照，坐在前厅的人也可以充分领略室外景致。将竹帘放下，则漏光斜透，平添一份清幽。楼梯扶手采用金属材质，大胆简约。大堂博古架上陈设的各种茶具和陶艺工艺品，以及上等的好茶，增加了整个空间的能量。

茶馆面积不大，故而空间格局追求合理巧妙，细节追求精致到位，随处皆景。茶馆门口是一道鹅卵石砌成的矮墙，叠立在L形水池中。一按开关，便有水流从墙头汩汩而出。水池上铺上石板，便成了路，通往大堂。门庭带水，整个空间显得灵动和富有生气。木门配上佛手，禅味顿生，让出入于浮华的茶客，顿时进入一种高雅境界中。

五个包厢装饰各异，或奢华，或复古，或现代，大大小小，采用混搭风格，制造亮点，满足了不同层次、不同心态饮茶者的需求。精致的茶具．优质上乘的普洱茶．禅意而优雅的音乐，使来者心灵沉淀，远离喧闹都市。

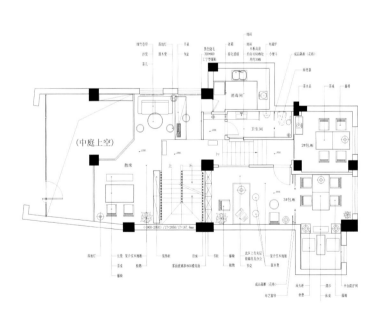

二层平面布置图

宽庐正岩茶旗舰店
Width of cottage tea store

设计师：林小真

项目名称：福建泉州"宽庐"正岩茶旗舰店
项目地点：福建省泉州市刺桐路宽庐茶会所
项目面积：1150 平方米

灵感源于武夷山水帘洞，洞石中的一泉涓滴、汇于池中的一泽涟漪、随波的一抹浮萍、静卧的一把古筝，高山流水无不给人沐浴自然的轻松和随遇而安的坦然，描绘出静中有动，动中有静的空间意境，散发出淡淡的禅意和浓浓的文化底蕴。

整个茶会所的空间故事就围绕着武夷山展开，武夷山水帘洞的美景与品茶讲究的意境美相得益彰，通过"转化"的手法，用石头代表高山，用水池代表潭水，把水帘洞移步室内。再加上一架古琴，又营造了"高山流水觅知音"的意境，传达了千年茶文化以茶会友的思想精髓。最后再结合闽南古老的四合院里的

天井结构，融入了本地的建筑元素。整个空间场景不是生硬的模拟，也不是简单的返古，而是用现代的眼光、艺术化的手法去诠释。

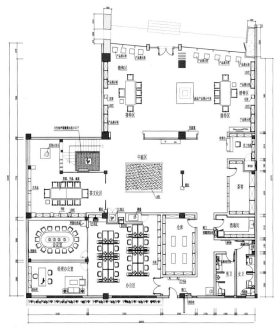

一层平面布置图

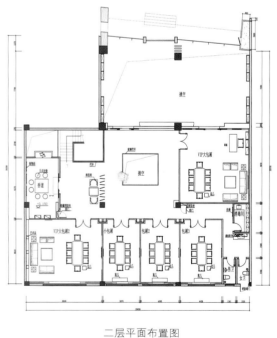

二层平面布置图

空间分为上下两层，一层为茶叶销售区、茶文化区、茶窖及办公区空间，二层闻香室、茶饮包厢空间，通过中庭挑空高山流水连接，形式上为拆解两空间的手法，本质上都是连为一体。大面积白色肌理漆墙面、木作采用本色橡木、铁绣钢构简洁线条，整体上给人以自然、朴实的空间画面感；实木栅格使内外空间相互渗透，从家具的设计到室内的陈设，都力求简约明快又不失大气殷实，呈现出温馨、典雅、舒适、厚重的空间效果。

麓舍餐饮会所
Foothills homes Dining Club
设计师 林鸿

项目名称：福州麓舍餐饮会所

项目地点：福建福州

项目面积：750 平方米

主要材料：仿古木、粗麻布、原石、
　　　　　青砖、白墙

　　本案位于山林麓间，环境优美、气候宜人，是一处安静舒适的隐世之所。其自然淳朴的空间情境让餐饮氛围拥有了别样的气质，让每位到此的顾客都能感受家一般的感觉，故取名"麓舍"。设计中将传统的中式元素经过严格的筛选，恰到好处地运用于会所的各个空间；整体布局和搭配连贯统一，浓厚的传统韵味流露其中，形成了"麓舍"独有的感官享受。

　　餐厅建筑面积 750 平方米，共设有 5 间包厢、1间书画室和 3 间茶室。在设计中更加强调功能，装饰造型上没有过多华丽的装饰语言，中式笔墨挥洒其中，真实、纯朴，整体色调古朴雅致。

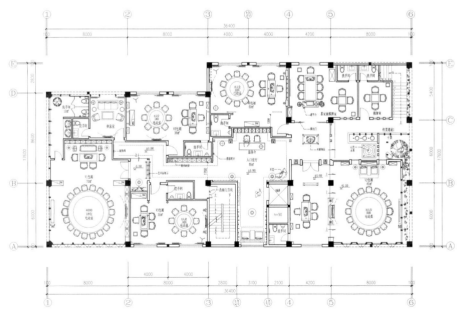

一层平面布置图

穿过青石、灰砖布置的古色走道，便进入大厅。大厅门面并不气派华丽，却透露着简单随意的舒适之感。为让周边优美的自然景观引入室内空间，房间最大限度的留出了开窗面积。同时结合中国传统水墨画、中国传统工艺"三绝"福州脱胎漆器、根雕、漆画这些艺术品让空间赋予了更多的人文气息，感染着宾客，传承东方文化。

包厢布置各不相同，不论是推开哪间都能带来不一样的期待与惊喜。包厢的吊顶经过设计师精心设计，中式传统木架吊顶与餐桌在吊灯的光影渲染下，让人恍若置身于一栋古名居中。小型包厢则是使用编织板来塑造吊顶，让空间氛围更加质朴怡人，人们在其中亦享受着优雅环境。中式风格在与现代审美不断融合当中，更加贴近真实的生活，亦能保持那份温厚的传统情怀。